¿SABEMOS ALGO?

Sabemos que no sabemos

REINALDO RODRÍGUEZ ANZOLA

¿SABEMOS ALGO?
Sabemos que no sabemos
©Reinaldo Rodríguez Anzola
2018
ISBN: 9781724116376

rey253@hotmail.com
viviressuficiente@gmail.com
@RodríguezAnzola
@SobrelaVida
   reinaldorodriguez.blogspot.com
   reinaldorodriguez@facebook.com

Este libro no podrá ser reproducido, ni total ni parcialmente, sin el previo permiso escrito del autor.

ÍNDICE

Dedicatoria............................7
Todos somos ignorantes.........9
Soy ignorante.......................11
Lo que puede hacerse...........99
Petición...............................101
Autores consultados............103
Sobre el autor.....................104
Otros libros del autor..........105

Dedicatoria

Con cariño a mis ahijados:

Carolina Bolivar

Ernesto Sánchez Bujanda

Erika von Crazut

Todos somos ignorantes

pero pocos vivimos desde la ignorancia.

.1.

Soy ignorante, sin acceso a verdades absolutas. No sé qué soy, y mi respuesta a toda pregunta es no sé.

.2.

La vida es cambio, fluir, devenir, incertidumbre, enigma.

.3.

¿Acaso alguien sabe sobre las ultimidades de la vida y la muerte?

.4.

Algo sabemos sobre cómo son y cómo funcionan las cosas, pero sobre Lo-Que-Son nada se sabe.

.5.

El qué, Lo-Que-Es, siempre se escapa.

.6.

El conocimiento técnico existe, pero aquí nos preguntamos sobre el qué de las cosas.

.7.

Siendo todo enigma, forzoso es aceptar nuestra ignorancia radical.

.8.

La respuesta a toda pregunta última es no sé, aunque el ego se resista.

.9.

Nos vemos separados, sin que eso signifique que somos independientes o que estemos constituidos por substancias distintas.

.10.

Todo viene del sol, de la tierra, el agua y el aire. Sin esos elementos dejamos de existir.

.11.

Si todo viene de la naturaleza, y nos ha sido dado, nada es nuestro.

.12.

Si el universo es finito somos finitos y, si es infinito, también lo somos.

.13.

Si el misterio está en todo, somos enigma.

.14.

Para la mente, de la nada nada puede surgir, pero si el universo surgió de la nada, de allí venimos.

.15.

Si no estamos fuera, somos el universo.

.16.

Si estamos hechos con los mismos elementos del universo, somos un todo.

.17.

Del universo surgió la vida, y lo que nace muere, la mente ignora lo infinito.

.18.

Somos enigma, pero el ego no lo reconoce.

.19.

Lo que nace y muere es la persona que creemos ser.

.20.

Desde que el universo existe, la energía que nos constituye ya existía.

.21.

Todo indica que el tiempo es una invención de la mente.

.22.

La vida es una sola. Existe una continuidad, desde la más elemental forma de vida, hasta el animal que somos.

.23.

Siendo la vida posible, aun desapareciendo todo vestigio de vida, seguiremos siendo potencialidad de vida.

.24.

La verdad, como conocimiento, es otra invención del pensamiento.

.25.

Somos vida, somos realidad y Lo-Que-Es.

.26.

Lo dicho son ideas, lo evidente es que no somos ningún "yo" separado.

.27.

¿El universo es eterno? ¿Por qué existe algo en vez de nada? ¿Qué es la vida y la conciencia? ¿Existe Dios? Sin respuestas, forzoso es aceptar el enigma.

.28.

Es una paradoja: somos a la vez sujeto y objeto de toda pregunta.

.29.

Sólo lograríamos saber qué es el mundo saliendo de él, pero ya no sería el mundo que queremos conocer.

.30.

Nadie sabe qué es la vida, ni su sentido último, si es que lo tiene. Nadie sabe de dónde viene ni a dónde va la vida y, por consiguiente, nada se sabe sobre la muerte.

.31.

Desde el pensamiento, la verdad absoluta de la vida y la muerte es que no existe ninguna verdad absoluta. Pero, estamos destinados a barruntar fragmentos de verdades sobre el misterio de la existencia.

.32.

Es una inevitable contradicción de este libro utilizar el pensamiento para cuestionar el pensamiento, alegando que hay "algo" más allá de la mente y, sin poder probarlo, sostener la posibilidad de trascenderlo.

.33.

Vivimos miles de años con predominio del mundo mágico. Tenemos 25 siglos guiándonos con la razón. Ahora sabemos que la razón tiene sus límites. Al trascender el pensamiento vendrá otra época con otro nombre.

.34.

El animal que somos comenzó en un mundo mágico porque, al no saber nada, estaba inmerso en el misterio, a merced de fuerzas ocultas que controlaban los acontecimientos.

.35.

Al hacerse compleja la reflexión, comenzó la era de la razón y se le dio nombre al misterio. Al animal que somos se le llamó "Ser" y a su origen se le llamó "Dios".

.36.

Ni en el pensamiento ni en las palabras está la verdad. Las palabras Ser y Dios son el ropaje del misterio. Son apenas enigmas, caricaturas de lo innominable.

.37.

Más allá del pensamiento está la realidad última, inaccesible al conocimiento, y de ella nada puede decirse.

.38.

La vida no puede ser conocida, aunque esa vida que no podemos conocer es lo más evidente. No conocemos, por ejemplo, de donde viene la vida, sin embargo, sabemos, sin duda, que vivimos y somos "algo".

.39.

El conocimiento humano, lo dijo Kant, tiene un límite insalvable: lo fenoménico. Algo sabemos de la vida porque se presenta en tiempo y espacio, diferente a su origen que está más allá del tiempo.

.40.

No hay de que lamentarse, si no me lamento de no ser un árbol, tampoco debo lamentarme de ser lo que soy, ni de ser algo. Sé que "soy", lo vivencio, aunque no sepa lo que significa "ser".

.41.

¿Qué pasa cuando el mismo pensamiento acepta que la verdad no se nos revela, verbalmente? Se abandona la pretensión de ser la medida de todas las cosas, como se llegó a decir.

.42.

La racionalidad, entonces, sirve para conocer muchas características del animal que somos, en lo que es, mas no en cuanto a su ser, no en cuanto es. La esencia del humano no está en la razón sino en ese algo inasible: el "ser".

.43.

Se sabe que algunos seres humanos son mujeres y otros somos hombres. Eso es lo que es, ambos somos y ese ser del animal que somos es lo que no conocemos. Todo conocimiento humano oculta el misterio.

.44.

Lo absoluto está fuera del pensamiento. Por eso, de lo absoluto no se habla y no puede hablarse. Apunto hacía donde está lo absoluto, señalando lo necesario para que el pensamiento cese.

.45.

Al no saber sobre las ultimidades del vivir, al no tener respuestas a las preguntas últimas, surge una verdad absoluta, guste o no: vivimos en la ignorancia radical.

.46.

Reivindiquemos la ignorancia radical, por ser la vía para alejarse del error de creer que la mente y los conocimientos científicos están en la posibilidad de responder a las ultimidades.

.47.

Aceptar nuestra ignorancia radical rescata la capacidad de asombro. Si no sabemos nada sobre las ultimidades, si todo es enigma, veamos todo como es: un misterio, extraordinario y maravilloso.

.48.

No saber nos hace humildes. Nos señala el camino del vivir en vilo, plenamente, con deseos de indagar o inquirir el misterio tremendamente hermoso de vivir.

.49.

Es una verdad evidente nuestra radical ignorancia. Desde el pensamiento todo resulta relativo. Y de inmediato surge la contradicción, si sabemos de nuestra ignorancia, algo sabemos, sabemos eso: que no sabemos.

.50.

¿Quién y desde dónde hablo? Habla una mente-organismo, un yo, una conciencia y una cultura. Siempre se habla desde una historia personal. Nadie está fuera de sí mismo, ni de sus pensamientos ni de su naturaleza.

.51.

Habla un yo, que se cree una persona, que aprendió un idioma y se está dirigiendo a otras supuestas personas, que comparten lenguajes y culturas, desde la cual actúan y se expresan los animales humanos que somos.

.52.

¿Qué son los yoes, las personas, las historias personales, los idiomas y los pensamientos, que forman las culturas? Los científicos dicen que somos animales humanos, por tener una base orgánica, y otra cultural.

.53.

Todo indica que no se surge de la nada, y que la vida y la muerte son parte del universo. En la vida, entonces, no hay total separación de nada. Todo viene de la evolución de la naturaleza, y a ella se regresa.

.54.

Allí está la grandeza y la tragedia humana. Somos todo y la mente nos divide, nos hace ver dos mundos. Nacimos de la naturaleza, a ella pertenecemos, mas con la cultura tenemos la ilusión de ser otra cosa.

.55.

El problema humano está en que la mente nos saca ilusoriamente del proceso evolutivo, al hacernos creer que somos algo dado, nos hace olvidar que en realidad somos un proceso, un proceso que no conocemos.

.56.

De allí surgen dos yoes. Un Yo verdadero, que no conocemos, pero vivenciamos, que es todo, y está más allá del cuerpo-mente. Y otro yo ilusorio que es el que permite vivir esta vida tal y como la conocemos.

.57.

Les habla un hombre viejo, con una conciencia ya formada. Les habla desde su cultura, desde su historia y sus condicionamientos. Si todos estamos condicionados, ver los condicionamientos en un acto liberador.

.58.

Los condicionamientos tampoco son algo dado, ni fijo. No, en realidad están cambiando continuamente. Este ensayo es una invitación a refrescar los condicionamientos. Estamos programados para intentarlo.

.59.

Yo no decidí nacer, ni tener conciencia. La conciencia depende de un proceso que no controlo. Formo parte de la naturaleza que parece haber existido siempre y, en ese sentido, nunca nací ni nunca moriré.

.60.

Uno de los misterios del humano es que puede ver dos mundos. Uno atemporal y sin muerte. El otro cultural y finito: con su yo y sus pensamientos, que, al ser de la mente, desaparecen con la muerte física.

.61.

Occidente vive en un extremo: el del yo o ego, con sus pensamientos, razón y lógica. Oriente vive en el otro extremo: reprimiendo el ego y valorando en demasía lo espiritual, con menor racionalidad y progreso.

.62.

La filosofía occidental es más teórica y se ha alejado mucho de la vida corriente, en contraste de la filosofía oriental, más dirigida hacia la vida de todos los días.

.63.

Para el desarrollo armónico de la humanidad hay que buscar la integración de los legados de Oriente y Occidente, permitiendo que surja un ego más sano que trascienda los pensamientos, sin dejar de valorar la razón.

.64.

Al formarse una conciencia, adquirir un lenguaje y el pensamiento, ha surgido ese otro mundo del ego o yo, de creernos una persona, con una historia propia, que hereda, y sigue desarrollando, una cultura.

.65.

Ese animal que somos es el que le ha dado nombre a las cosas y reflexiona sobre sus propios pensamientos, surgiendo las opiniones, religiones y filosofías. Y es a través de esas ideas que nos relacionamos.

.66.

El pensamiento mejor fundamentado es el científico, y por eso el más fiable, con el gran inconveniente de que hacemos cosas maravillosas con la ciencia, pero no podemos vivir en la ciencia.

.67.

La verdad es lo que existe, es la llamada realidad, aunque esa realidad es enigmática. Con la ciencia nos acercamos al cómo es, cómo opera, pero una parte, no el todo, y nunca nos dice qué es, en definitiva, la realidad.

.68.

La totalidad de la realidad es la verdad absoluta, que es atemporal, sin principio ni fin. Somos eso, porque emanamos y somos parte de ella. No obstante, mentalmente, no tenemos acceso al todo, a esa verdad absoluta.

.69.

Todo pensamiento es una interpretación parcial y distorsionada de lo que impacta nuestros sentidos. Ningún pensamiento es la cosa de la cual se habla. La palabra no es la cosa al igual que un mapa no es el territorio.

.70.

Con el pensamiento nunca tenemos acceso a lo intemporal, a la totalidad de la vida ni del universo. Al pensamiento le está vedada la verdad absoluta. Entonces: si la verdad absoluta existe seguro que no es humana.

.71.

Cuando se confunden las ideas con la realidad, cuando no trascendemos los pensamientos, cuando sustituimos la realidad por las palabras, el pensamiento deja de ser liberador. Ya no desvela la realidad, la oculta.

.72.

La realidad es lo desconocido. Al darle nombres: Dios, Conciencia, Naturaleza, Universo, Ser, Energía, Átomo, creemos conocerla. Regresemos al origen, somos lo desconocido igual que la realidad.

.73.

Cuando trascendemos el pensamiento, vemos sus limitaciones y podemos utilizarlo sólo para lo que sirve. Como herramienta, puede ser muy útil para mostrar nuestras equivocaciones y ver lo que no somos.

.74.

Es fácil ver y hablar sobre lo que no somos. Siendo el yo y el pensamiento creaciones de la mente, de los cuales surge el concepto de persona, se hace diáfano que no somos la persona que creemos ser.

.75.

Para pensar creamos un yo ficticio. Nos dividimos y separamos del cuerpo y del universo para reflexionar sobre las cosas, aunque es evidente que no estamos separados ni del cuerpo ni del universo.

.76.

La vida que somos, nadie sabe por qué, creó la mente, la conciencia y el pensamiento. Al pensar nos creemos seres independientes, y con libre albedrío que, tal y como se le entiende comúnmente, es otra ilusión.

.77.

La mente es una prisión si te identificas con ella. Sólo ver que todo pensamiento está condicionado es liberador. Aprende a utilizar el pensamiento, sin hacerte su esclavo. Recuerda a Mandela en prisión.

.78.

Existen hechos y verdades evidentes que no dependen de la mente.

.79.

Los animales que somos formamos parte de una totalidad que llamamos universo y que desconocemos.

.80.

Los pensamientos y sentimientos no son nuestros. Nada lo es.

.81.

El pensamiento se convierte en prisión si comienzas a utilizarlo fuera de su ámbito, que es la ciencia y la cultura en general.

.82.

Para amar y acercarte a la totalidad de la vida, debes trascender el pensamiento.

.83.

Nadie sale por completo de su yo y sus pensamientos, aunque es posible verlos, y observar cómo funciona la mente. Ese acto de ver, sin juzgar y sin identificarse con ninguna idea, es liberador: ya no hay pensador.

.84.

Cuando el pensamiento cesa se hace contacto con lo infinito, con lo que se ha llamado sagrado o inefable. Allí, en lo-que-es, no hay problemas, no hay misterio, porque no hay nadie que se interrogue.

.85.

La verdad y la realidad últimas no pueden ser dichas. Porque los conceptos son palabras y las palabras no son la cosa, no pueden ser la realidad, pero con palabras se puede apuntar hacia la verdad.

.86.

Sin pensar no hay infelicidad. Para que la ausencia de respuesta al misterio de la vida sea un problema, que nos haga infelices, tiene que haber una mente que haga del misterio un problema causante de infelicidad.

.87.

Sin pensamientos no hay infelicidad ni felicidad. Fuera de la mente no hay nada, pero se sigue vivo y, para describir lo que pasa cuando el pensamiento cesa, hay que usar palabras: cierta paz, cierta felicidad.

.88.

La condición humana está determinada por la conciencia. Sin conciencia no hay nada, no hay mundo, no hay personas, no hay ni vida ni muerte, porque son conceptos que solo tienen significados y validez dentro de la mente.

.89.

Para formar la conciencia hay que condicionar al humano. Hacerle creer que el yo, la persona, el lenguaje y el pensamiento, están separados de su mente-organismo. No obstante, eso no es cierto, dependen de la mente.

.90.

Para vivir en sociedad necesitamos del yo. Para formarlo, la mente se vale de una ilusión, mentalmente se divide en dos entes distintos, un cuerpo que piensa, y un inexistente yo que se arroga la autoría de los pensamientos.

.91.

El yo es una ilusión porque no tiene sustancia o naturaleza propia, es creado por la mente, es una palabra, es un símbolo. Y es real por ser indispensable para que la vida, como la conocemos, exista.

.92.

La conciencia surge de la aparente separación entre cuerpo y mente, a través de la ilusión de existir un yo como autor de los pensamientos. La verdad es que cuerpo-mente, pensamientos, yo y conciencia están entrelazados.

.93.

Desde la ficción de un yo separado de los pensamientos, surgen otras ilusiones: total separación de los demás entes y cosas, ser completamente libres de querer y hacer lo que queramos.

.94.

El animal que somos llega a creer que está totalmente separado de los demás animales y cosas. Y, para pensar en el universo, incluso se sitúa, ficticiamente, fuera del mismo universo. Es nuestra mayor ilusión.

.95.

No se sabe lo que es el libre albedrío. No obstante, se intuye que nadie puede liberarse por completo de su carga genética, ni de todos sus condicionamientos, lo que influye en sus creencias, quereres y acciones.

.96.

La conciencia condicionada, creadora de ficciones, también es capaz de ver sus límites, sus equivocaciones, y tiene la posibilidad de intuir lo que está más allá de esas ilusiones y, al silenciarse, hacer contacto con lo infinito.

.97.

La conciencia, naciendo de una ilusión, tiene la posibilidad de percatarse de su ficción y, por esa vía, acercarse a la verdad que, por estar más allá del pensamiento, es inefable, pero puede vivenciarse.

.98.

Hablo desde un yo que es una ficción, y desde el pensamiento que es una prisión. Sin embargo, es ese mismo yo el que, al verse, se percata de su naturaleza ilusoria y de sus equivocaciones.

.99.

Somos vida. Vivimos y, sin poder explicarlo, somos. Pero no se sabe por qué ni para qué existe la vida, ni fue decisión nuestra estar aquí. Somos una totalidad que se nos escapa, y es maravilloso.

.100.

Desde el pensamiento se hacen conjeturas, sin certezas. Te toca a ti seguir creyendo en ideas o admitir que no se sabe, que todo es misterio, y ver la necesidad de trascender la mente.

.101.

Se puede conocer lo que no somos. Podemos saber que la vida, la muerte, el mundo y la realidad, que conocemos, son invenciones de la mente.

.102.

Nadie está fuera de la realidad y por eso no se habla desde un lugar neutro.

.103.

Lo que digo está condicionado por la cultura, por mis experiencias y mis prejuicios. Todos tenemos opiniones equivocadas, todos estamos condicionados.

.104.

Desde el pensamiento no hay verdades absolutas y hablo desde la ignorancia radical.

.105.

Somos entes ilusorios y nos vemos como entes separados. La verdad es que no hay ningún "yo" separado escribiendo y otro "yo" leyendo. Es la vida desarrollándose, desplegándose y "haciéndose", a través de nosotros.

.106.

Hablo desde la ilusión de "mi" vida, sin embargo conviene vivirla a plenitud, "soy vida".

.107.

Hablemos de las equivocaciones, de lo que no somos, de ilusiones y paradigmas, aceptando que el pensamiento tiende a esclavizarnos o, al menos, a limitarnos.

.108.

Percatándonos de lo que no somos, de alguna manera, nos salimos de la prisión del pensamiento.

.109.

No existe tal persona, distinta a una mente-organismo con la facultad de pensar.

.110.

Hablamos de las cosas porque hemos creado palabras para nombrarlas y, al poder pensarlas, surge la ilusión de conocerlas.

.111.

La verdad última es que no sabemos qué es esa realidad hecha de átomos. Los científicos no han podido decirnos qué es, exactamente, eso que llamamos materia. Al final todo revela su misterio.

.112.

Es indispensable reivindicar nuestra ignorancia radical. Reconocer que, por más conocimientos acumulados, seguimos sin respuestas a las preguntas últimas sobre la realidad, la vida, la conciencia, la materia o la energía.

.113.

Si aceptamos no saber, es un paso gigantesco, un avance insólito. Imagínense, quitarse todos los prejuicios que sostienen a todas las religiones, que pretenden tener la respuesta al misterio de la vida.

.114.

La ciencia, el saber más prestigioso, acepta estar basada en conjeturas, no en verdades absolutas. Verdades que continuamente están siendo superadas.

.115.

La ciencia acepta que se basa en presunciones, que alguien, mañana, puede probar su falsedad.

.116.

Dejemos a un lado la ilusión de que la ciencia podrá revelarnos el inconmensurable misterio de la totalidad de la vida. Forzoso es reconocer que no hay verdades absolutas, salvo, quizá, de que "hay algo".

.117.

Si aceptamos nuestra ignorancia radical, nos ahorramos la pretensión de buscar, a través del pensamiento, verdades absolutas. Y de creer que alguien tiene o tendrá las respuestas a los enigmas del vivir y morir.

.118.

El razonamiento, la lógica, y los experimentos no pueden develar la fugitiva e inasible realidad.

.119.

Teniendo presente que las palabras no son la cosa, no pretendamos sustituir Lo-Que-Es por las palabras.

.120.

La mente, como parte de la vida, no puede conocer la totalidad impersonal de la existencia. Ahora, siendo lo-que-es, la totalidad de la vida puede vivenciarse.

.121.

El yo ilusorio crea otras ficciones, pero por más que se distorsione la realidad con el pensamiento, la realidad y la verdad están en nosotros: somos realidad y verdad.

.122.

Los sabios aconsejan no buscar la realidad y la verdad fuera de nosotros. Somos realidad. Podemos vivenciarla sin poder explicarla. Las vivencias son inefables.

.123.

Está claro que somos ignorantes de las ultimidades sobre la vida y lo que realmente somos. Somos enigma y formamos parte del misterio. Estas son también verdades evidentes.

.124.

Es imposible probar que otros no tengan razón en sus afirmaciones. Pero, si los extraterrestres existen, no es evidente que hayan venido o estén aquí. Tampoco es evidente la existencia de Dios.

.125.

No diré nada sobre Dios porque no sé si existe. Y si existe ya lo dijo el Maestro Eckchart: "¿Y por qué caer en habladurías sobre Dios? Cualquier cosa que digáis de Dios es falsa."

.126.

Lo absoluto o lo infinito es enigma, aunque sea lo más presente.

.127.

En la conciencia está la presencia insoslayable del misterio.

.128.

Si dejamos de tomarnos a nosotros mismos como medida de la verdad, el misterio se hace presente en la vida cotidiana.

.129.

La verdad y la libertad son misterios.

.130.

La razón no está por encima de la vida. En necesario despertar ante la vida. Recordar a Heráclito: "Los hombres, como son todos, despiertos están dormidos".

.131.

En la realidad, en el mundo, en la vida, no existe eso de sujetos y objetos.

.132.

Nada se crea ni nada se destruye, todo está en perenne transformación, fluyendo como proceso.

.133.

La mente funciona como una fotografía, paraliza todo, y hace del proceso, del flujo, del devenir, cosas concretas.

.134.

El pensamiento crea los conceptos de sujeto y objeto, de nacimiento y muerte. Y se ve a sí mismo como sujeto, mortal o inmortal.

.135.

Formamos parte del proceso de la vida. En la realidad no hay conceptos.

.136.

Somos, pensamos y actuamos con base a una programación que surge de los genes y de los condicionamientos.

.137.

Al tener conciencia, nos damos cuenta de lo que pasa, nos sentimos vivos y surge la ilusión de ser los protagonistas, surge un "seudo sujeto" que cree ser el "hacedor".

.138.

Desde la mente, somos sujetos que hacen cosas. Al trascender los pensamientos, vemos la falsedad de los conceptos, nos percatamos de nuestra ignorancia.

.139.

Al trascender el ego, regresamos al origen, al Todo, o Uno, que es misterio.

.140.

La verdad es el camino y no la meta. Por eso la filosofía nunca pasará de ser camino.

.141.

Todo está lleno de contradicciones porque utilizamos conceptos y la verdad está más allá de los conceptos. La verdad es una tierra sin caminos.

.142.

No somos la persona que creemos ser. Afirmar que todo es Dios o Conciencia ¿No es acaso el mismo engaño, a otro nivel?

.143.

Para lo inefable se usan palabras. Ponerle nombre a lo desconocido hace creer que lo conocemos.

.144.

La vida y la muerte no son dadas, son un proceso que ignoramos.

.145.

El animal que somos es "algo" que no sabemos qué es. Dejemos a un lado las afirmaciones y aceptemos no saber.

.146.

Por lo dicho hasta ahora, se tiende a justificar cierto nihilismo o pasividad. Queremos distanciarnos de esas conclusiones, contrarias y no acordes con la vida.

.147.

Todo conocimiento tiende a ser contradictorio. La física del mundo que vemos no es la física cuántica.

.148.

Si despertamos, vemos un mundo real desconocido. Si seguimos dormidos, vivimos en un mundo irreal, conocido y aceptado por la mayoría.

.149.

Las palabras existen, y permiten la vida humana. En la realidad son ilusiones o parte de la ignorancia.

.150.

El misterio de la vida y la muerte nos acompaña siempre. Aceptemos la realidad de ser enigmas.

.151.

Antes de la aparición del animal que somos, no existía nada de lo que ahora vemos, porque la vida, tal y *como* la conocemos, es producto de los conceptos creados por la mente.

.152.

Creemos que siempre ha habido "algo", porque no se nace de la nada, aunque nada o algo sólo tiene significado para el animal que somos.

.153.

Nada existe mientras alguien no lo piense.

.154.

Lo conocido sólo existe en nuestra mente. En la naturaleza no hay grande o pequeño, materia o energía, bueno o malo. No hay misterio.

.155.

Únicamente para el animal que somos tiene sentido hablar de energía, conciencia, amor, muerte y misterio.

.156.

Somos todas las cosas porque ellas nos constituyen, pero exactamente, no sabemos qué es ninguna de esas cosas, ni la energía.

.157.

Somos algo indefinible como la vida misma.

.158.

Somos enigma y nuestra misión es enigma.

.159.

Con propiedad, sólo podemos hablar de sensaciones y visiones.

.160.

El sentido de la vida es no tener ningún sentido.

.161.

Siguiendo a Cioran, si existe un destino, existe antes de nacer y después de morir, pero mientras existimos la gracia del vivir radica en no aceptar ningún destino.

.162.

Vida y muerte no existen en la totalidad de la vida.

.163.

Persona y mundo son creaciones del pensamiento, conjeturas de la mente.

.164.

Decir conciencia es decir materia y, misteriosamente, se transforman.

.165.

La ciencia y la filosofía discuten sobre la nada. ¿Seremos algo que ha existido siempre o somos algo que surgió de la nada?

.166.

Es imposible dejar de intuir que algo hay, pero no sabemos qué es "algo".

.167.

Se nace y se muere en el pensamiento, la totalidad de la vida se escapa.

.168.

Venimos de un hombre y una mujer que, a su vez, tuvieron padres. Si nos remontamos, llegamos a las primeras manifestaciones de vida, pero al principio y al final está el enigma.

.169.

Sexo, lenguaje, época, religioso o ateo, son conceptos, no tu realidad.

.170.

El pensamiento funciona con base en contrastes, y basta un ejemplo: en el universo no existe arriba y abajo.

.171.

En la totalidad de la vida no hay principio ni fin.

.172.

Pensando somos algo. Pero, al final, eso de algo y nada no es necesariamente contradictorio.

.173.

Existimos sólo para la mente. La realidad puede ser una compleja organización de átomos. Las partículas subatómicas se comportan como materia o como ondas, y parecen surgir de la nada.

.174.

¿Qué somos? Todo saber es tautológico, necesitamos un marco de referencia previo para decir algo y lo que se dice no es la realidad.

.175.

¿Somos algo en vez de nada? Ambas palabras se necesitan y se engendran mutuamente. Si surgimos de la nada, la nada también existe.

.176.

¿Qué es lo espiritual que anida en nosotros? No sabemos ni siquiera lo que es materia. El enigma es total.

.177.

Nacemos en el tiempo y no podemos saber lo que es eterno.

.178.

A pesar de vivir somos eternos.
Las palabras velan y revelan.

.179.

Existen fuerzas que no son humanas.

.180.

¡Qué paradoja la del ser, es incognoscible, indubitable y hasta evidente!

.181.

Por razonables que sean los enunciados, de ser ciertos son penúltimos, pues lo último siempre incierto es.

.182.

Para Rafael Cadenas: "Nada hay más extraño que nuestra existencia". Y agrega: "Nuestro verdadero linaje es el enigma. Somos eso."

.183.

Antes del Big Bang inventamos la nada, hacia la cual vamos. ¿No es además poético?

.184.

El animal que somos crea el yo y éste se erige en medida de todo.

.185.

Sin pensamiento nada existe. Para el pensamiento, somos átomos, energía, bla, bla, bla, nada.

.186.

Sin lenguaje no hay pensamientos, ni yoes ni personas.

.187.

El yo navega en una realidad que lo supera.

.188.

Con las palabras, la relación con las cosas deja de ser directa y se soslayan sus misterios.

.189.

Acercarse a la realidad es constatar lo que no es verdad.

.190.

Creemos ser libres, aunque estamos determinados por genes y condicionamientos.

.191.

El ego viene de la mente y todo lo condiciona.

.192.

El mundo que conocemos es de la mente.

.193.

Sólo entendemos de inicio y fin, aunque somos devenir.

.194.

Es imposible determinar el nacimiento del yo.

.195.

De la totalidad de la vida surge el yo que se cree autónomo.
El yo cree estar más allá de la naturaleza y del animal que somos, ¿ves lo absurdo?

.196.

Si al inicio no había lenguaje y el yo viene del lenguaje, el ego no puede ser la esencia del animal que somos.

.197.

Recuerda: al nacer no hay yo, nuestro origen es sin yo.

.198.

Recuperemos la capacidad de maravillarnos ante el misterio.

.199.

Nombramos las cosas, pensamos el mundo y creemos conocerlo.

.200.

El pensamiento es dual, compara y clasifica: grande y pequeño, bueno y malo, vida y muerte, pero la dualidad no existe.

.201.

No hay separación entre mar y ola, tampoco entre cuerpo y mente, pero para el pensamiento son cosas distintas.

.202.

Lenguaje, conciencia y yo surgen de enigma.

.203.

El pensamiento nos separa de la naturaleza y vanamente esperamos que la ciencia lo explique.

.204.

La ciencia estudia cómo comenzó la vida y cómo funcionan las cosas, pero no dice por qué existe algo en vez de nada.

.205.

La razón no contesta las preguntas últimas, ¿quién pudiera saber qué es la realidad?

.206.

Las palabras ocultan al animal que somos.

.207.

Cuanto se dice viene del pensamiento, y se infiere que hay algo más allá de él, sin saber qué es.

.208.

Creamos el mundo a través de interpretaciones.

.209.

Somos lenguaje, vivimos en el lenguaje y con él creamos la realidad.

.210.

Nace el cuerpo y no el yo. El yo se confunde con la mente. El verdadero Yo es inasible.

.211.

El yo no existe y ¡qué difícil es negarlo!

.212.

La conciencia es posterior a la existencia y no puede ser su esencia.

.213.

¿Qué es, por qué y para qué existe la conciencia? No se sabe.

.214.

La naturaleza crea la conciencia.

.215.

La conciencia crea a la persona.

.216.

El yo y la persona son ficciones de la conciencia.

.217.

La misma conciencia se percata de no ser la persona que cree ser.

.218.

No estamos separados del mundo, somos el mundo.

.219.

El libre albedrío, como se le entiende, es otra ilusión.

.220.

No hay libertad.
Genes y circunstancias
nos determinan.

.221.

Para pensar se crea una ilusoria separación de todo.

.222.

La naturaleza no está fuera de nosotros, somos naturaleza.

.223.

La conciencia no está separada de la naturaleza.

.224.

La separación de las cosas es visual, y relativa, no real.

.225.

Nada es nuestro, pero hablamos de mi cuerpo y mi pensamiento.

.226.

No hay nadie fuera del cuerpo y los pensamientos.

.227.

Creamos las cosas al nombrarlas, el mundo nace de la conciencia.

.228.

La conciencia sería el substrato del Universo, de donde surge el "yo soy" y todo lo demás.

.229.

La conciencia sería lo absoluto, lo que está en todas partes y surge como "yo" dentro de ti.

.230.

La conciencia sería previa a todo lo demás y nosotros su manifestación.

.231.

En definitiva, no se sabe lo que es la conciencia.

.232.

La conciencia es particularmente enigmática, permite ver el misterio de la conciencia.

.233.

Lo evidente es que la conciencia no es nuestra, pertenece a la vida, no nace ni muere con nosotros.

.234.

La conciencia es lo más maravilloso, asombroso y enigmático del animal que somos.

.235.

La conciencia permite el contacto con lo desconocido.

.236.

La conciencia es inasible, como ¡el reflejo del sol en la gota de rocío!

.237.

Hablar de persona contribuye a la ilusión de estar separados de la naturaleza.

.238.

¿Existe la persona?

.239.

Sin lenguaje no se piensa ni hay persona.

.240.

Para pensar surge la ilusión de separación entre el observador y lo observado.

.241.

Para pensar son necesarios sujeto y predicado, y así surge la ilusión de una persona separada, que dice: mi mujer o mi vehículo.

.242.

Nos relacionamos con imágenes y nunca con la realidad.

.243.

El animal que somos crea las separaciones, un objeto-cognoscente cree conocer a otro objeto-conocido, y de allí surgen sujeto y objeto.

.244.

Siendo enigmas es comprensible el apego a la vida.

.245.

Es liberador darse cuenta de que la persona no existe.

.246.

Todo resulta paradójico.
Lo ilusorio existe.

.247.

Hablamos de la realidad desde una persona inexistente.

.248.

Hablo de la vida y la muerte como si estuviera fuera de la vida y la muerte.

.249.

La persona olvida su ilusorio origen.

.250.

La inexistente persona cree ser la hacedora de las acciones del cuerpo.

.251.

La persona existe como palabra, pensamiento, concepto y centro integrador de las acciones, nunca como ente separado del cuerpo.

.252.

El hacedor es un cuerpo-mente, nunca la persona.

.253.

El cuerpo no necesita a la persona para existir.

.254.

La persona sólo vive en pasado o futuro.

.255.

Nadie ha encontrado una persona, ni la ha visto ni demostrado su existencia.

.256.

Es mentira decir "yo pienso" o "yo hice algo", pero la ilusión de ser persona hace posible el pensamiento y vivir en sociedad.

.257.

Un inexistente yo-persona dice ser el hacedor. Si la persona no existe ¿hay alguien que haga algo?

.258.

Un gato hace algo y a nadie se le ocurriría que fue el yo del gato quien lo hizo. La mente-organismo hace algo y dice: "yo lo hice".

.259.

¿En verdad crees que en ti hay dos entes: una mente-organismo y un yo hacedor?

.260.

La razón ha fracasado como instrumento para conocer la verdad.

.261.

El pensamiento no es el instrumento para conocer la realidad, pero no tenemos otro.

.262.

La misma razón se percata de que la realidad última está más allá del pensamiento.

.263.

¿Qué somos? ¿De dónde venimos? ¿Para dónde vamos? ¿Para qué existe la persona? Una sola respuesta: palabras.

.264.

El pensamiento vela la verdad.

.265.

La persona que creemos ser no pasa de ser conceptual.

.266.

La persona que creíamos ser es sólo un ser lingüístico.

.267.

Las palabras nos regresan al enigma.

.268.

Las palabras son los límites del animal que somos.

.269.

Para estudiar las cosas se separan y clasifican, pero ya no son la realidad.

.270.

El cuerpo-mente, como la totalidad de la vida, es inaccesible al pensamiento.

.271.

Sustituimos la realidad con conceptos.

.272.

El mismo observador se percata de ser lo observado.

.273.

La ciencia no ha podido establecer la diferencia entre materia y energía.

.274.

La materia es tal vez el mayor enigma.

.275.

El animal que somos nunca tiene contacto directo con la realidad.

.276.

La ciencia sólo experimenta las manifestaciones de la realidad, no la realidad misma.

.277.

Se habla mucho de realidad e irrealidad y no conocemos la diferencia.

.278.

Lo que llamamos real sigue siendo misterio.

.279.

Desde el yo se habla del universo como algo separado ¿existirá alguien que en verdad crea estar fuera del universo?

.280.

Sin pensamientos se extingue el mundo dual.

.281.

No sabiendo lo que somos. Lo llamamos yo.

.282.

El yo es un concepto, una palabra, una idea, un condicionamiento y un prejuicio, pero nunca el verdadero Yo.

.283.

Hay un ente pensante y no un ente con pensamientos.

.284.

Nosotros no escribimos el rol que en nosotros se actualiza cada día.

.285.

La totalidad es inefable: se esconde detrás de las palabras.

.286.

La mente como parte no puede ver la totalidad.

.287.

Sobre la vida y la muerte, si la verdad existe, el pensamiento no la reconoce.

.288.

Estamos limitados por nuestros sentidos que no son fiables.
El animal que somos no se creó a sí mismo, pero la persona sí es creación de la mente.

.289.

Somos algo desconocido, y lo llamamos animal humano.

.290.

El ilusorio yo oculta a la vida.

.291.

Las palabras reflejan una realidad que desconocemos.

.292.

Siendo partes de una totalidad inconmensurable no podemos verla.

.293.

Ese algo que no conocemos se manifiesta como energía y conciencia.

.294.

La totalidad desconocida se refleja en la conciencia.

.295.

Somos parte de algo que no controlamos ni comprendemos.

.296.

Finalmente, sé lo que soy:
soy enigma.

.297.

Con el pensamiento se deja de vivenciar la vida para interpretarla.

.298.

Las suposiciones, al compartirlas, se hacen realidad.

.299.

Prejuicios compartidos pasan por verdades.

.300.

Una ficción generalizada es ser persona desde el nacimiento, y así lo plasma la ley.

.301.

Ni siquiera el yo nace con el cuerpo.

.302.

Otra ilusión generalizada es la de sobrevivir a la muerte física.

.303.

Vivenciemos el enigma que somos.

.304.

Intentar contestar lo que no tiene respuesta, a veces divierte.

.305.

En la cárcel del pensamiento las palabras sustituyen la realidad.

.306.

La mente divide la totalidad de la vida, para nombrarla y pensarla, y se crea otra realidad.

.307.

Hacemos ingeniosas conjeturas, pero la verdad siempre se escapa.

.308.

La totalidad de la vida no puede ser vista ni pensada.

.309.

Es una experiencia inefable el silencio de la mente. Lo que digas luego carece de sentido.

.310.

Fluyes, en un momento eres inteligente y, a continuación, estúpido, o al revés.

.311.

Es imposible ser la misma persona, somos devenir.

.312.

El pensamiento está condicionado, no es la realidad.

.313.

Creer o no en Dios es lo mismo, crees que crees o crees que no crees.

.314.

Se cree en algo como opuesto a lo otro, y ambos son falsos.

.315.

No estamos condenados a creer en algo, se puede vivir desde la ignorancia radical.

.316.

Dios es conjetura, se afirme o se niegue.

.317.

Vivenciemos el enigma en la cotidiana existencia.

.318.

Estamos condenados a creer lo que creemos querer voluntariamente.

.319.

A veces, al creer que nos oponemos al destino, lo estamos obedeciendo, o creyendo obedecerlo nos oponemos.

.320.

Si todavía crees ser el hacedor, no has comprendido nada.

.321.

No se puede experimentar lo que no se puede conceptualizar.

.322.

Todos sabemos que la vida y la muerte son misterios, pero el yo seguirá indagando.

.323.

El pensamiento es contradictorio como la vida.

.324.

¿Habrá mayor paradoja que la de ser sujeto y objeto de toda búsqueda?

.325.

Somos sombra, fragmento de una verdad inasible.

.326.

Cuando ves que "Eso" es todo, te ríes o sonríes.

.327.

Al vivenciar el enigma que somos la religiosidad se hace presente.

.328.

Sin el pensamiento queda "Eso", "Lo-Que-es", "Lo-Que-Somos".

.329.

Somos Eso, lo inexplicable, impensable e inefable.

.330.

¡Quédate tranquilo, deja de buscar, observa y vive!

Lo que puede hacerse es observar,
hasta que la propia vida vivencie lo que
no se puede saber.

Despierta al instante presente, corta los
lazos con lo conocido.

Petición

Amiga o amigo lector, agradezco tu comentario sobre este texto, preferiblemente en amazon, al lado del libro o enviado a:

rey253@hotmail.com

viviressuficiente@gmail.com

reinaldorodriguez@facebook.com

Autores consultados

Este texto tiene influencia de mis lecturas de Heráclito, Parménides, Krishnamurti, Laotsé, Buda, Sócrates, Einstein, Ramana Maharshi, Osho, Nisargadatta Maharaj, Ramesh Balsekar, Descartes, Kant, Nietzsche, Wittgenstein, Comte-Sponville, Cioran, Montaigne, Rafael Cadenas, Eckhart Tolle, Jeff Foster, entre otros. Igualmente, tiene aportes filosóficos, literarios y poéticos de mis tertulias con Jesús Enrique Barrios y Florencio Sánchez.

Sobre el autor

Reinaldo Rodríguez Anzola ha explorado cuestiones filosóficas, científicas y místicas, y publicado libros y artículos de prensa. Ha sido columnista de los diarios El Nacional y El Impulso en Venezuela. Ha sido viajero, caminante, montañista, lector, observador, amante y peregrino. Tiene cinco hijos y vive en Caracas.

Otros libros del autor

La vida un misterio
tremendamente hermoso
¡Qué vaina tan buena es vivir!
ISBN:980-12-0853-8 (agotado)
Prólogo de Jorge Portilla

¡DISFRUTA AHORA!
Es más tarde de lo que piensas
–A la luz de la sabiduría
de Einstein y Rafael Cadenas–
amazon.com/dp/b00ds76c04
Prólogo de Jesús Enrique Barrios
Palabras de Rafael Cadenas

A la luz de la sabiduría
amazon.com/dp/b00Fi7LPFE
Prólogo de Jorge Portilla
Presentación de Rafael Cadenas
Palabras de José pulido

Vivir y nada más
amazon.com/dp/b00gazork8
Prólogo de Jorge Portilla

Razones para ser feliz
¡Cómo lograrlo!
amazon.com/dp/b00h3wyt8w
Prólogo de José Pulido

Tú no existes
amazon.com/dp/b00hwm712o
Prólogo de Bill Quik

Vida y Conciencia
amazon.com/dp/b00i5pbh6i

¿Qué somos?
amazon.com/dp/b00ijb8lus

¿Sabemos algo?
amazon.com/dp/b00ig6fn3E

¿Somos libres?
amazon.com/dp/b00iopsgmc

Lo-Que-Es
amazon.com/dp/B00I5PBH6I

Pensamiento y silencio
amazon.com/dp/b00Lfq7dbw

¡Despiértate!
La vida es una fiesta
o un paseo ¡escoge!
amazon.com/dp/b00muz7yji

Vida y Muerte
amazon.com/dp/b00oijns5s

Reasons to be happy
How to achieve it!
amazon.com/dp/b00ty4kw7e
Inglés / Español
Prologue: José Pulido

Ragioni per essere felici
Come riuscirci!!
amazon.com/dp/B00qnw1r2o
Italiano / español
Palabras de José Pulido:
Reinaldo e la felicità

¿Pretendes ser feliz?
La felicidad en 7 capítulos
amazon.com/dp/b00vghzwr2

A....Z infinito de la vida
amazon.com/dp/b01326y5pe

Vida Plena
amazon.com/dp/b01bpxuy56

Vivir Amar Gozar y Reír
amazon.com/dp/b015wmbeua

Amar ...colma de gozo
amazon.com/dp/b01cwl9m1a

You do not exist
Bilingual English-español
amazon.com/dp/b01abhgk5a

Being happy
English-Deutsch-Italiano-español
amazon.com/dp/B01B336ox4
Papel ISBN 1549825445

La vida tal como es
amazon.com/dp/B01EOLZTE6

GRÜNDE ZUM GLÜCKLICHSEIN
Wie erreicht man das!
amazon.com/dp/B0169P75ZM
Traducción al alemán:
Herlinda Stockner

¿Sabes Vivir?
amazon.com/dp/B01FLERNMC

Si Dios existiera
amazon.com/dp/B01hc5i9ps
Prólogo de Jorge Portilla

Incertidumbres
amazon.com/dp/B01ICKV9H2

No-Saber
amazon.com/dp/ B01LWZOI20

Espiritualidad
amazon.com/dp/B01N3R0WUM

Verdades
amazon.com/dp/B01NA9HJQC

Asertos y Preguntas
amazon.com/dp/B01N9JT35N

Truths?
¿Verdades?
amazon.com/dp/B01MTGH4PO

Inteligencia
amazon.com/dp/B06XCF815Z

Ser - Presencia
amazon.com/dp/B07283HFST
Papel ISBN 9781521446485
Prólogo de Jorge Portilla

¡Asómbrate!
Somos enigmas
amazon.com/dp/B073YM7YN8
Papel ISBN 9781521871447
Prólogo de Jorge Portilla

Ilusión - Presencia
amazon.com/dp/B077PVLRM7
Papel ISBN 9781973369431

DIOS – Habladurías
amazon.com/dp/B06WRRXJVQ
Papel ISBN 9781520599144
Prólogo de Jorge Portilla

Intelligence
amazon.com/dp/B075PKY61Y
Papel ISBN 9781549765605

Realidad - Presencia
amazon.com/dp/B079Z2FXWM
Papel ISBN 1980671346

Rafael Cadenas
amazon.com/dp/B079T1BQ1V
Papel ISBN: 9781718178748
Prólogo de Freddy Castillo Castellanos

Presencia Ser-Ilusión-Realidad
amazon.com/dp/B07ckl5wjh
En papel ISBN: 9781980917137
Prólogo de Jorge Portilla

Presencia no-dual
amazon.com/dp/B07CZV36Q5
Prólogo de Jorge Portilla
Papel ISBN: 9781723833304

www.ingramcontent.com/pod-product-compliance
Lightning Source LLC
Chambersburg PA
CBHW020443220526
45464CB00002B/829